BEI GRIN MACHT SICH IHR
WISSEN BEZAHLT

- Wir veröffentlichen Ihre Hausarbeit,
  Bachelor- und Masterarbeit

- Ihr eigenes eBook und Buch -
  weltweit in allen wichtigen Shops

- Verdienen Sie an jedem Verkauf

Jetzt bei www.GRIN.com hochladen
und kostenlos publizieren

Markus Leuschner

Fallstudien Mathematikunterricht

GRIN Verlag

Bibliografische Information der Deutschen Nationalbibliothek:

Die Deutsche Bibliothek verzeichnet diese Publikation in der Deutschen National-
bibliografie; detaillierte bibliografische Daten sind im Internet über http://dnb.d-
nb.de/ abrufbar.

Dieses Werk sowie alle darin enthaltenen einzelnen Beiträge und Abbildungen
sind urheberrechtlich geschützt. Jede Verwertung, die nicht ausdrücklich vom
Urheberrechtsschutz zugelassen ist, bedarf der vorherigen Zustimmung des Verla-
ges. Das gilt insbesondere für Vervielfältigungen, Bearbeitungen, Übersetzungen,
Mikroverfilmungen, Auswertungen durch Datenbanken und für die Einspeicherung
und Verarbeitung in elektronische Systeme. Alle Rechte, auch die des auszugsweisen
Nachdrucks, der fotomechanischen Wiedergabe (einschließlich Mikrokopie) sowie
der Auswertung durch Datenbanken oder ähnliche Einrichtungen, vorbehalten.

Impressum:

Copyright © 2010 GRIN Verlag GmbH
Druck und Bindung: Books on Demand GmbH, Norderstedt Germany
ISBN: 978-3-656-15457-0

Dieses Buch bei GRIN:

http://www.grin.com/de/e-book/190865/fallstudien-mathematikunterricht

STIFTUNG
UNIVERSITÄT
HILDESHEIM

Fallstudien Mathematikunterricht

Fallarbeit/Fallstudien

Universität:
Institut: Institut für Mathematik und Angewandte Informatik
Thema der Arbeit: Hausarbeit
Verfasser: Markus Leuschner
Ort, Datum der Abgabe: Hildesheim, 31. März 2010

Inhaltsverzeichnis

1 Fallstudien – Die Theorie

1.1 Was versteht man unter einer Fallstudie?

Erstmals wurde eine Fallstudie in Boston an der Harvard Business School entwickelt. Aus diesem Grund wird sie häufig auch als Harvard-Methode (vgl. Kap. 1.3) bezeichnet.[1] Ursprünglich fand sie Anklang im juristischen Bereich. Hierzu wurde den Studenten „ein tatsächlicher oder ein fingierter ‚Fall' vorgelegt, den es zu bearbeiten galt."[2] Heutzutage werden Fallstudien in vielen weiteren Bereichen angewendet.[3] Am verbreitetsten ist die Nutzung von Fällen in Deutschland in der Managementschulung und der Wirtschaftswissenschaft.[4]

Ziel einer Fallstudie war und ist es, den Studenten eine möglichst reale Situation zu bieten, die sie lösen müssen, um möglichst viele Praxiserfahrungen schon während der Ausbildung sammeln zu können, ohne jedoch tatsächlich in den betreffenden Betrieben anwesend sein zu müssen.

1.2 Vorgehen bei Fallstudien

Die Bearbeitung eines Falles lässt sich in sechs Phasen unterteilen und beginnt mit der *Konfrontation*. In der Regel hat der hier präsentiert Fall einen Bezug zur Lebenssituation des Lernenden und ist somit für ihn persönlich bedeutsam.[5]

Anschließend beginnt die Phase der *Information*. Vorhandene Informationen werden ausgewertet und analysiert. Reichen diese nicht aus, müssen weitere Auskünfte eingeholt werden. Dies kann durch Erkundungen vor Ort geschehen, aber auch durch hilfreiche schriftliche Quellen, Internetrecherchen oder Befragungen der Lehrkraft oder von in dem Fall Involvierten.[6]

Es folgt die *Exploration*sphase, bei der mögliche, unterschiedliche Falllösungen mit Hilfe der Hintergrundinformationen erarbeitet werden.[7]

In der *Resolution*sphase wird aus den entworfenen Problemlösestrategien eine bestimmte ausgewählt, die begründet die vermutlich erfolgreichste Alternative zu der im Fall erlebten Strategie bietet.[8]

In der *Disputation* wird die entsprechende Lösung dem Plenum vorgetragen und diskutiert. Ziel

---

1 vgl. http://lspace5.via-on-line.de
2 http://lehrerfortbildung-bw.de
3 vgl. ebd.
4 vgl. http://lspace5.via-on-line.de
5 vgl. ebd.
6 vgl. ebd.
7 vgl. ebd.
8 vgl. ebd.

ist es hierbei, die in den vorangegangenen Phasen entwickelte und ausgewählte Lösung zu verteidigen, um „so prüfen zu können, ob […] [die] Entscheidung der Kritik stand hält."[9]

Nachdem die erarbeitete Lösung in der Praxis angewendet wurde, wird sie abschließend in der *Kollation* reflektiert. Sollte hierbei ein neuer Fall entstanden sein, da die Lösung in der Realität nicht den erwarteten Erfolg erzielt hat, werden neue Problemlösungen entwickelt.[10]

Überblick über die Phasen der Fallstudie[11]

Phasen	Konkrete Handlungsschritte	Didaktische Intention
Konfrontation	Vorstellung eines Falles	Problemdarstellung, Problemwahrnehmung
Information	Vorwissen, Informationsbeschaffung	Überlegungen und Planung zur Problemlösung
Exploration	Planung der Problemlösung, Informationsverarbeitung, Methodenauswahl	Zielorientierte Anwendung zur Problemlösung, Methodenkompetenz
Resolution	Auswählen und Begründen einer Entscheidung	Abgestimmte und begründete Problemlösung
Disputation	Vortragen, Diskutieren der Entscheidung	Einordnung der Problemlösung in den Gesamtzusammenhang
Kollation	Vergleich der Lösung mit der Realität / evtl. neue Problemlösungen	Reflexion und Transfer

1.3 Welche Varianten von Fallstudien gibt es?

Grundsätzlich können Fallstudien in zwei Systematisierungsarten unterschieden werden: zum einen in Entdeckungs- und Entscheidungsfälle, zum anderen in die Tradition der Harvard University.[12]

Beim Entdeckungsfall soll ein vorgegebenes Ereignis herausgefunden oder ein „komplexer Sachverhalt, eine Regel oder eine Technik […] erlernt (entdeckt) werden."[13] Wird indes eine Lösung gesucht, oder muss eine Entscheidung getroffen werden, handelt es sich um einen Entscheidungsfall. Mischformen dieser beiden Arten sind ebenfalls denkbar.

---

9 http://lehrerfortbildung-bw.de
10 vgl. http://lspace5.via-on-line.de
11 vgl. http://lehrerfortbildung-bw.de
12 vgl. http://lspace5.via-on-line.de
13 ebd.

Bei der Tradition der Harvard University, bei der auf echte Fälle zurückgegriffen wird, können vier verschiedene Varianten der Fallstudie unterschieden werden.[14]

Die *Case-Study-Method* wirkt sehr komplex, da bei der Fallschilderung das gesamte Informationsmaterial beigelegt wird. Schwerpunkt ist hierbei die Problemanalyse, -synthese und Entscheidungsfindung.[15]

Bei der *Case-Problem-Method* liegt der Schwerpunkt auf der Erarbeitung von Lösungen und anschließenden Diskussionen. Probleme werden bei der Fallschilderung ausdrücklich genannt und Informationen vorgegeben.[16]

Der Fall liegt bei der *Case-Incident-Method* hingegen nur lückenhaft vor. Da auf Grund dessen viele Informationen zum Fall selbst gewonnen werden müssen, scheint diese Methode sehr praxisnah, da auch in der Realität häufig der Prozess der Informationsgewinnung eine Rolle spielt.[17]

Vorgegebene Lösungen müssen in der *Stated-Problem-Method* kritisch hinterfragt und mit den getroffenen Entscheidungen in der Wirklichkeit verglichen werden.[18]

2 Der konkrete Fall: Strafe im Mathematikunterricht

Im Folgenden wird eine Videosequenz aus einer Unterrichtsstunde in Mathematik beschrieben.

Die Schülerin F. steht allein vor der Tafel. Ihr gegenüber sitzen ihre Mitschüler/innen. F. verschränkt ihre Arme, lächelt beschämt, schaut immer wieder zu Boden und windet sich häufig hin und her. Viele Schüler der Klasse kichern, einige rufen auffordernd ihren Namen.

Ein Schüler: „Ich guck weg." Darauf lachen die anderen.

„Nein, nein, nein, noch nicht, stopp", erwidert sie und kichert.

Nach kurzer Zeit der Lehrer: „Los geht's, komm schon."

F., grinsend und kichernd: „Okay, ich muss überlegen". Sie zieht die Ärmel ihres Pullover über die Hände, wirkt unruhig und schaut kurz zur Decke.

Dann beginnt sie ohne viel Melodie das Lied „Verdammt ich lieb' dich" zu singen. Sie unterbricht sich immer kurz zum Auflachen. Ab und zu schaut sie wieder zur Decke.

Sobald sie die erste Strophe beendet hat, läuft sie schnell auf ihren Platz. Alle Schüler klatschen und lachen.

---

14 vgl. ebd.
15 vgl. ebd.
16 vgl. ebd.
17 vgl. ebd.
18 vgl. ebd.

3 Fallstudie am konkreten Fall

Die folgende Fallstudie wird nach der *Case-Incident-Method* der Harvard University durchgeführt.

3.1 Konfrontation

Zunächst habe ich mir die Videosequenz angesehen, ohne jegliche Vorinformationen zu besitzen. Lediglich der Titel des Videos „F[…] singt im Matheunterricht".

Anschließend machte ich mir erste Gedanken zur Problemdarstellung und -wahrnehmung: was genau könnte der didaktische Fall in der Szene sein? Auffällig ist beim Betrachten, dass sich die Schülerin sichtlich unwohl fühlt. Erkennbar ist dies durch ihr Verhalten: Hände falten, am Schal bzw. Pullover spielen, die Ärmel über die Hände ziehen, zur Decke schauen, nervös klingendes Lachen etc. Sie muss also etwas tun, was ihr nicht behagt. Durch den Titel ist klar: F. soll singen. Nur der Grund hierzu ist bislang unbekannt. Man vermutet einzig, dass sie es nicht freiwillig tut.

3.2 Information

Ich greife nun auf mein Vorwissen zurück bzw. hole notwendige Informationen ein. Unter anderem wurde neben der Videosequenz ein Begleittext zugegeben, in dem ersichtlich wurde, dass die Schülerin F. singen musste, da sie zu spät zum Unterricht erschien. Um weitere Informationen – wie das Alter der Beteiligten, Klasse und Schulform – zu erhalten, schickte ich der Person, die dieses Video aufzeichnete, einen Fragebogen.[*]

Relevant fand ich hierbei die Information, dass der Lehrer seit mehreren Jahren regelmäßig diese Form der Bestrafung einsetzt, und zwar immer dann, wenn ein Schüler, selbst wenn es nur kurze Zeit sein sollten, nach dem Stunden einleitenden Gong den Klassenraum betritt. Es sind somit viele solcher Videos im Besitz der Person, die das vorliegende Video aufgezeichnet hat und nicht nur F. wurde in dieser Form bestraft.

3.3 Exploration

Die Form der dargestellten Bestrafung ist sicherlich eine Möglichkeit, die Schülerinnen und Schüler (im Folgenden durch SuS abgekürzt) zum pünktlichen Erscheinen zu erziehen. Anschei-

---

[*] s. Anhang

nend zeigt sie auch Wirkung, da der Lehrer seit mehreren Jahren an dieser Methode festhält. Ebenso lässt sich im Fragebogen nachlesen, dass die SuS bestrebt sind, rechtzeitig zum Stundenklingeln anwesend zu sein, um der Bestrafung zu entgehen. Allerdings stellt sich dennoch die Frage, welche Auswirkungen es auf die einzelnen SuS hat, allein vor der Klasse zu stehen und singen zu müssen. Sicherlich gibt es welche, die möglicherweise sogar Spaß daran empfinden (ohne deshalb beabsichtigt zu spät zu erscheinen). Die meisten empfinden darin vermutlich eine gerechte Art der Strafe und akzeptieren dies.

Doch wie sieht es mit SuS aus, denen es besonders unangenehm ist, vor der Klasse in dieser Weise bloßgestellt zu werden? Ohne weiteres tiefgehendes psychologisches Wissen lässt sich hier für mich nur vermuten, dass bei dem einen oder anderen Schüler die Persönlichkeit darunter leidet, sie möglicherweise an Selbstvertrauen verlieren und sich gedemütigt fühlen.

Zunächst muss die Frage geklärt werden, was der Lehrer – gleich durch welche Art von Bestrafung – erreichen möchte. Vorrangig muss es sein Ziel sein, den lernbereiten SuS eine ungestörte Atmosphäre zu schaffen,[19] welche durch das Zuspätkommen von anderen nicht gewährleistet ist. Auf den ersten Blick wird dies durch das Singen geradezu verhindert, da der Unterricht hierdurch erneut gestört wird. Langfristig gesehen scheint der Lehrer jedoch Erfolg zu haben, da die SuS bestrebt sind, pünktlich zu Erscheinen. Ein weiteres Ziel ist, dass der zu spät Kommende Einsicht in sein Fehlverhalten erlangt.[20] Fraglich bleibt, ob durch das Singen diese Einsicht erlangt wird, oder ob lediglich die Angst vor erneutem Singen die SuS zur Pünktlichkeit bewegen.

Aus diesem Grund sollte nach alternativen Bestrafungsformen gesucht werden, welche beide Ziele vereinen. Möglich wären hier beispielsweise die in Schulen weit verbreiteten Zusatzaufgaben für Zuhause, das „Nachholen schuldhaft versäumten Unterrichts"[21] und bei häufig wiederholten Verspätungen der Brief an die Eltern.

3.4 Resolution

Insbesondere für die SuS, denen es besonders unangenehm ist in solcher Weise bloßgestellt zu werden, sollte nach einer alternativen Form der Bestrafung gesucht werden.

Würde dies jedoch nur für ausgewählte SuS gelten, fühlten sich unter Umständen die anderen Mitschüler/innen wiederum benachteiligt. Eine wie es mir scheint angebrachte Lösung wäre es, den Verspäteten vor die Wahl zu stellen: entweder er singt vor der gesamten Klasse oder erhält eine Zusatzaufgabe oder ähnliches.

---

19 vgl. http://hs.bildungszentrum-markdorf.de, S. 1
20 vgl. ebd.
21 http://www.skh.de

Meines Erachtens könnte sich als sinnvoll herausstellen, wenn sich die Zusatzaufgabe nicht in Form weiterer Mathematikaufgaben darstellt, sondern – in Anlehnung an das Arizona-Projekt von Ford – durch Verfassen eines Plans, „der folgende Stichpunkte enthält: Klärung des Vorfalls, Nachdenken über die Folgen des störenden Verhaltens, Vorstellung, wie zukünftig ähnliche Störungen vermieden werden können."[22] Hierbei müssten sich die betroffenen SuS Gedanken über ihr Verhalten machen, was eine Besserung zur Folge haben könnte.

Sollte diese Alternative kein Erfolg haben, müsste über weitere Konsequenzen nachgedacht werden. Ebenso trifft dies aber auf das Strafsingen zu. Sollte sich die Pünktlichkeit des Schülers trotz Bestrafung nicht bessern, müsste auch hier nach einem alternativen Weg gesucht werden.

3.5 Disputation und Kollation

Leider ist es in dieser Hausarbeit kaum möglich, die Phasen der Disputation und Kollation durchzuführen. Nötig wären hierfür weitere Personen, welche sich in diesen Fall einarbeiten, sich mit ihm auseinandersetzen, ebenso die vorangehenden Phasen durchlaufen und Lösungsmöglichkeiten entwickeln. Anschließend müsste ich meine Strategie vorstellen und versuchen, meine Mitmenschen von dieser zu überzeugen.

Würde mir dies gelingen, müsste sie in die Praxis vom Lehrer umgesetzt und erneut analysiert und reflektiert werden, um möglicherweise weitere notwendige Alternativen zu entwickeln.

Dies alles würde sich in dieser Arbeit zeitlich allerdings nicht vereinbaren lassen. Stattdessen ließe sich so etwas möglicherweise in größeren Arbeiten wie beispielsweise dem Bachelor, oder aber verteilt über ein ganzes Seminar realisieren. Hierbei käme zu Gute, dass sich mehrere Studenten mit dem gleichen Fall beschäftigen und sich dadurch Diskussionen entwickeln würden. Ließe es sich einrichten, könnte zum Ende des Seminars die entwickelte Lösungsstrategie dem Lehrer vorgelegt werden, damit dieser sie umsetzt. Die Student/innen würden erneut beobachten, ob ihre Fallstudie Erfolg aufweist und, falls dies zeitlich noch in den Rahmen passt, weitere Alternativen diskutieren.

4 Fazit

Ich sehe in Fallstudien zum einen Vor-, zum anderen aber auch Nachteile. Es ist sicherlich erstrebenswert, in der Ausbildung Fälle anzubieten, welche die Studenten zu bearbeiten haben. Hierbei werden, wie in Kapitel 1.2 beschrieben, Praxiserfahrungen gesammelt, ohne tatsächlich im Betrieb

---

22 http://hs.bildungszentrum-markdorf.de, S. 1

o.ä. anwesend sein zu müssen. Dies entlastet auf der einen Seite die Betriebe, auf der anderen kann während der Erarbeitung der Fallstudie von dem Lehrenden auf bestimmte Merkmale eingegangen werden, um die Studenten bestmöglich zu schulen. Häufig ist es hierbei auch so, dass sich der Student mit dem Fall intensiver beschäftigt, als wenn er eine solche Situation tatsächlich erleben würde.

Der vorliegende Fall eignet sich meines Erachtens in besonderem Maße, um an ihm als angehender Lehrer eine Fallstudie durchzuführen. Als Lehramtsstudenten werden wir zukünftig selbst vor der Klasse stehen und uns mit SuS, welche regelmäßig zu spät erscheinen, auseinander setzen müssen, stets bestrebt, sie zur Pünktlichkeit zu erziehen. In einem Fall, bei dem es speziell um diese Problematik geht, können sich die Studenten bereits im Vorfeld ernsthafte Gedanken darüber machen und Mittel und Wege finden, das Problem anzugehen. Ideal wäre es hierbei, wenn in anschließenden praxisbezogenen Seminaren (wie z.B. „Individuelle Lernförderung" oder „Übungskonzepte entwickeln") die erarbeiteten Methoden ausprobiert und angewendet werden können.

Nachteile ergeben sich jedoch aus dem hohen Zeitaufwand, der aufgebracht werden muss, um eine Fallstudie effektiv durchzuführen. Zudem muss/müssen die in dem Fall involvierte(n) Person(en) (hier der Lehrer) auf die Studenten eingehen und ihre Lösungsvorschläge akzeptieren und umsetzen, damit diese anschließend beurteilen können, ob sich seine Alternative als sinnvoll erweist oder nicht.

Dennoch denke ich, können in Seminaren durchaus Fallstudien verwendet werden. Selbst, wenn die Kollation hierbei außen vor gelassen werden würde, kann sich insbesondere durch die Phase der Disputation eine angeregte Diskussion entwickeln, bei der Für und Wider zu den entwickelten Alternativen abgewägt werden. Dies führt dazu, dass die Studenten viele unterschiedliche Meinungen ihrer Kommilitonen erfahren und somit aus mehreren Lösungsansätzen die erfolgversprechendsten auswählen können, um im späteren Berufsleben erfolgreich zu sein.

5   Literaturverzeichnis

Sabine Hoidn. Institut für Ökonomische Bildung GmbH (Hrsg.): *Methode Fallstudie.* http://lspace5.via-on-line.de/ioeb/ecedon.nsf/SchulpraxisMethodenDruck/ 3F8629062F0CC1FFC1256FE00031953F?OpenDocument – Aktualisierungsdatum: 04.02.10

Landesakademie für Fortbildung und Personalentwicklung an Schulen (Hrsg.): *Fallstudie.* http://lehrerfortbildung-bw.de/kompetenzen/projektkompetenz/methoden_a_z/fallstudie/ index.htm – Aktualisierungsdatum: 04.02.10

Werkrealschule am Bildungszentrum Markdorf (Hrsg.): *Das Arizonaprojekt.* http://hs. bildungszentrum-markdorf.de/documents/arizona.pdf – Aktualisierungsdatum: 19.03.10

schülerInnenkammer hamburg (Hrsg.): *Ordnungs- und Bestrafungsmaßnahmen.* http://www.skh. de/cms/strafen.html – Aktualisierungsdatum: 19.03.10

Anhang

Fragen zur Bestrafungsform des Singens

Alle Fragen beziehen sich auf die Zeit, in der das Video aufgenommen wurde.
Es macht nichts, wenn du einige Fragen nicht beantworten willst oder kannst. Wenn du ant-
wortest, antworte aber bitte ehrlich.
Alle teilnehmenden Personen (auf den Videos und dem Fragebogen) bleiben auf jeden Fall an-
onym, werden von mir namentlich also nicht in der Arbeit genannt!

In welcher Klassenstufe und Schulform fand das Singen statt?
Meine Klasse heißt WGEB, dass bedeutet dass ich auf dem Wirtschaftsgymnasium bin, in der Ein-
gangsklasse und dann das B, man könne auch 11B sagen..

Wann sind die Videos aufgenommen worden (in den letzten Wochen oder ist es schon ein paar Mo-
nate/Jahre her)?
Diese Videos wurden alle am 11.10.09 aufgenommen.. kurz vor 13 Uhr in der Mathestunde ☺

Wie alt war der Lehrer zu dieser Zeit (ungefähr)?
Der Lehrer wird nächstes Jahr glaube ich 44, bin mir aber nicht ganz sicher, aber er ist um die 40
irgendwas.

Wie lange war der Lehrer zu dieser Zeit schon im Schuldienst tätig?
Ich weiß es nicht. Aber ich denke schon etwas länger, denn er unterrichtet das Fach Mathematik
und Sport auch an anderen Schularten, wie an einem Berufskolleg, wo er auch Direktor ist. Er ist
auch ein wirklich guter Lehrer, er hat Ahnung im Umgang mit Schülern, was man nicht von jedem
Lehrer behaupten kann. ;)

Seit wann wendet der Lehrer diese Form der Bestrafung an?
Das weiß ich nicht. Aber es gibt noch mehr Videos von anderen Klassen, in denen er diese Art der
„Bestrafung" angewendet hat. Ich weiß nicht, wie lange das her ist, aber schon länger denke ich…

Wendet der Lehrer diese Bestrafung auch in anderen Klassen an?
Ja, in allen Klassen die er im Fach Mathematik unterrichtet, soweit ich weiß. Daher auch die ande-
ren Videos.

Stellt sich das Singen als erfolgreiche Bestrafung heraus? Also kommen weniger Schüler deshalb zu
spät? Oder kommen die Schüler, die häufig singen mussten, nun seltener zu spät?
Wenn wir wissen, dass wir in der ersten Stunde Mathe haben, nehmen wir einen Zug früher, damit
wir nicht zu spät kommen, dafür sitzen wir dann 30 Minuten in der Schule und müssen warten, aber
besser, wie vor der ganzen Klasse singen zu müssen. Man bemüht sich pünktlich zu sein und man

rennt auch wirklich zum Klassenraum, um vor ihm anzukommen. Sie ist auf jeden Fall erfolgreich.

Wie sehr müssen die Schüler zu spät kommen, damit der Lehrer sie auffordert, zu singen?
ca. __0__ Minuten, wenn der letzte Gong er Schulklingel ertönt und man dann den Raum betritt, kann man gleich vorne bleiben und singen.. :D

Du hast nur drei Videos hochgeladen, bei denen zur Strafe gesungen werden musste. Sind dies also Einzelfälle oder wendet der Lehrer regelmäßig diese Form der Bestrafung an?
Ich hab noch sehr viele andere, aber diese wollen nicht, dass ich sie hochlade oder ich hab keine Zeit sie hochzuladen. Es sind also keine Einzelfälle, fast jede 2. Mathestunde gibt es Schüler, die vorsingen müssen.

Falls er von ihr regelmäßig Gebrauch macht: wie häufig wendet der Lehrer im Durchschnitt diese Form der Bestrafung an?
etwa ____ mal pro Monat   oder falls relativ häufig: __2__ mal pro Woche (damit mein ich, dass in diesen Mathestunden gesungen wird, nicht wie viele singen müssen, in einer Mathestd. kommen vllt 1-4 Schüler zu spät, die müssen dann singen.)

Es sind auf den Videos nur Mädchen zu sehen. Heißt das, dass Jungen nicht singen müssen?
Ich hatte auch Videos von Jungs oben, aber die haben gesagt ich soll sie wieder löschen, das habe ich dann auch getan. Jungs müssen genauso singen wie Mädchen, da macht er keinen Unterschied, genauso wenig bei anderen Dingen, wie Religion oder Alter oder so..

Wie wird diese Bestrafung in eurer Klasse aufgenommen? Findet ihr das gerecht?
Teilweise, es ist wirklich amüsant. Und er singt Ende des Jahres auch 90 Minuten lang, mit Instrument und dann ganze Lieder. Nur so häufig wie er zu spät kommt, müsste er länger singen wie 90 Minuten. Aber es stört nicht, die „Bestrafung" wird also relativ positiv aufgenommen, wir sehen es auch nicht wirklich als Bestrafung, sondern eher als Motivation zur Pünktlichkeit. ;)

Kommen die drei Schülerinnen, welche auf den Videos singen, regelmäßig zu spät?
Seit dem sie das eine Mal singen mussten, nicht mehr :D

Das war's. Ich möchte mich sehr bei dir für die Beantwortung der Fragen bedanken.
Ich schicke dir die fertige Arbeit dann per Mail zu. Es werden aber sicherlich um die 25 Seiten und sie wird erst gegen Ende März nächsten Jahres fertig sein.

Wenn noch Fragen sind, kannst du sie mir ja wieder mailen, oder wenn ich irgendwas ungenau beantwortet hab oder so =) So viel sind 25 Seiten nicht zum Lesen :D Ich mag lesen ;) Freu mich schon drauf.. Grüße Manu